LES

VICES RÉDHIBITOIRES

DES

ANIMAUX DOMESTIQUES

ET LE

PROJET DE CODE RURAL SOUMIS AU SÉNAT

Par D. BOUTET
Vétérinaire à Chartres

Vice-Président du Comice agricole de l'arrondissement de Chartres
Conseiller général d'Eure-et-Loir.

CHARTRES
IMPRIMERIE DURAND FRÈRES, RUE FULBERT.

—

1877

LES

VICES RÉDHIBITOIRES

Des Animaux Domestiques

ET LE PROJET DE CODE RURAL SOUMIS AU SÉNAT

Le projet de loi présenté au Sénat, dans sa séance du 13 juillet 1876, au nom de M. le maréchal de Mac-Mahon, duc de Magenta, président de la République française, par MM. Teisserenc de Bort, ministre de l'agriculture et du commerce ; de Marcère, ministre de l'intérieur, et Christophle, ministre des travaux publics, à la suite d'une proposition faite, le 16 mai précédent, par l'un de nos deux sénateurs d'Eure-et-Loir, notre honorable et savant ami, M. Emile Labiche, se divise en deux livres, l'un ayant trait au régime du sol, et l'autre au régime des eaux.

Le titre VIII du livre premier, à partir de l'article 83 jusqu'à l'article 92 inclusivement, traite spécialement des vices rédhibitoires dans les ventes des animaux domestiques.

Nous venons, aujourd'hui, étudier, avec tous les détails qu'il mérite, le titre VIII de ce projet ; mais, préalablement, et avant d'entrer dans le vif de la question, nous croyons qu'il convient de rappeler succinctement la législation actuelle et la législation ancienne pour les comparer l'une et l'autre au nouveau projet ministériel.

Avant la loi qui régit, aujourd'hui, la matière, c'est-à-dire avant la loi du 20 mai 1838, dont nous parlerons plus loin, les difficultés qui survenaient entre les acheteurs et les vendeurs des diverses espèces d'animaux domestiques, relativement à la résolution des contrats, étaient réglées par les principes généraux du code civil, notamment par les articles 1641 et 1648, ainsi que par les vieilles coutumes et les anciens usages locaux.

Sous l'influence des anciennes coutumes dont l'origine se perd dans la nuit des temps, les vices rédhibitoires variaient quelquefois d'une rive à l'autre d'un même ruisseau, ou d'une commune à une autre commune limitrophe, et elles variaient presque toujours d'une province à une province voisine: le cornage, par exemple, rédhibitoire dans la Normandie, ne l'était pas dans la Beauce ni dans l'Orléanais.

Il en résultait qu'un cheval atteint de ce vice pouvait être acheté à vil prix à Alençon ou à Rouen, pour être ensuite vendu à Chartres ou à Orléans, comme s'il était parfaitement sain.

Il en résultait également que, devant le même tribunal, le même jour, le même vice pouvait être considéré comme étant rédhibitoire dans un cas et comme ne l'étant pas dans l'autre, et cela tout simplement parce que la vente avait eu lieu dans deux localités régies par des usages différents.

Si nous ajoutons que les mêmes vices, suivant les lieux, étaient quelquefois désignés sous des noms différents ; que les délais pour intenter l'action en garantie n'avaient pas une durée uniforme ; que les uns de ces délais étaient trop courts, — neuf jours pour la fluxion périodique des yeux, dix jours pour l'épilepsie ; — que d'autres étaient trop longs, — trois mois pour la cachexie aqueuse du mouton, un an pour la ladrerie du porc, — on admettra sans peine que les anciennes coutumes devaient être la source d'embarras nombreux, d'incertitudes de toute sorte, et que, conséquement, elles avaient des inconvénients aussi graves que multipliés.

Le Code civil, lorsque, plus tard, en 1804, on établit ce beau monument du premier empire, ne remédia au mal que très-imparfaitement, très-incomplétement.

Le système des articles 1641 et 1648 était, au premier abord, séduisant.

Il paraissait juste, en effet, de dire avec l'article 1641 :

Le vendeur est tenu de la garantie à raison des défauts cachés de la chose vendue qui la rendent impropre à l'usage auquel on la destine, ou qui diminuent tellement cet usage, que l'acheteur ne l'aurait pas acquise ou n'en aurait donné qu'un moindre prix s'il les avait connus.

Et avec l'article 1648 :

L'action résultant des vices rédhibitoires doit être intentée par l'acquéreur, dans un bref délai, suivant la nature des vices rédhibitoires et l'usage du lieu où la vente a été faite.

Mais, là encore, comme nous venons de le voir pour les usages locaux, pas la moindre uniformité, et, au contraire, partout la plus grande diversité : pas d'uniformité quand aux vices ; pas davantage d'uniformité quand aux délais.

Pour tel expert, la pousse, par exemple, n'était pas un vice « caché, » ou bien elle n'empêchait pas l'animal qui en était atteint « d'être propre à l'usage auquel on le destinait ; » pour tel autre, et quelquefois dans la même ville, c'était tout le contraire.

Même désaccord pour les délais.

Que signifient d'ailleurs ces mots : « dans un bref délai ? »

Pour les uns, cela voulait dire neuf jours; pour d'autres, dix ; pour d'autres, onze, etc., etc.

Puis, lorsqu'un expert avait été chargé par un tribunal de visiter un animal faisant l'objet d'une contestation quelconque, il était, ce qui est contraire aux règles ordinaires, juge en fait et en droit dans la même affaire ; juge en fait, quand il se prononçait sur la question de l'existence ou de la non-existence du « vice caché ; » juge en droit, quand il se prononçait sur la question de savoir si le vice « rendait ou ne rendait » pas l'animal impropre à l'usage auquel on le des- » tinait. »

Une confusion déplorable se fit remarquer, en outre, dans toute la France, à partir de la promulgation du Code civil.

Certains tribunaux, pensant que l'article 1641 devait être substitué aux usages locaux, abandonnèrent complétement ces usages, tandis que d'autres continuèrent scrupuleusement à les observer, et l'on vit alors dans le département d'Eure-et-Loir, par exemple, les tribunaux de Chartres, Châteaudun et Dreux juger d'après l'usage, et le tribunal de Nogent-le-Rotrou juger d'après l'article 1641.

La loi du 20 mai 1838, celle qui est encore aujourd'hui en vigueur, est ensuite intervenue.

Nous n'avons pas, bien entendu, à reproduire le texte entier de cette loi ; mais, pour bien nous faire comprendre, il nous paraît impossible de ne pas transcrire littéralement les deux articles principaux, les articles 1 et 3, qui sont ainsi conçus :

Art. 1er. — Sont réputés vices rédhibitoires et donneront seuls ouverture à l'action résultant de l'article 1641 du Code civil, dans les ventes ou échanges des animaux domestiques ci-dessous dénommés, sans distinction des localités où les ventes et échanges auront eu lieu, les maladies ou défauts ci-après, savoir :

Pour le cheval, l'âne et le mulet :

La fluxion périodique des yeux.
L'épilepsie ou mal caduc.
La morve.
Le farcin.
Les maladies anciennes de poitrine ou vieilles courbatures.
L'immobilité.
La pousse.
Le cornage chronique.
Le tic sans usure des dents.
Les hernies inguinales intermittentes.
La boiterie intermittente pour cause de vieux mal.

Pour l'espèce bovine:

La phthisie pulmonaire ou pommelière.
L'épilepsie ou mal caduc.
Les suites de la non-délivrance.
Le renversement du vagin et de l'utérus.

Pour l'espèce ovine :

La clavelée.
Le sang de rate.

Art. 3. — Le délai pour intenter l'action rédhibitoire sera, non compris le jour fixé pour la livraison :

De trente jours pour les cas de fluxion périodique des yeux et d'épilepsie ou mal caduc;

De neuf jours pour tous les autres cas.

On le voit, d'après l'article 1er ci-dessus, il n'y a plus, à présent, de vices rédhibitoires que ceux-là seuls qui sont indiqués nominativement et limitativement dans la loi, et la rédhibition a lieu « *sans distinction des localités*, » c'est-à-dire qu'elle est partout la même en France, à Marseille comme à Lille, à Nancy comme à Brest.

D'après l'article 3, les délais sont exactement fixés : trente jours pour deux vices et neuf jours pour tous les autres.

La loi qui nous occupe a donc très-avantageusement substitué à la diversité de nos anciennes coutumes, au vague et aux généralités des articles 1641 et 1648 du Code civil, une précision, une nomenclature fixe pour les vices rédhibitoires, et une uniformité presque absolue pour les délais qu'elle a réduits à deux.

Malheureusement, à côté de ces avantages évidents, la loi de 1838 a des inconvénients tout aussi incontestables.

Elle n'a pas vu, notamment, qu'elle était une loi d'exception, et que, bien qu'elle fût de beaucoup préférable à l'état de choses ancien, elle n'en constituait pas moins une entrave réelle au commerce des animaux.

Elle n'a pas vu qu'au lieu de restreindre le plus possible le nombre des vices rédhibitoires, comme elle aurait dû le faire, elle en admettait jusqu'à seize sur trois espèces seulement, et, qu'en conséquence, elle multipliait d'autant les procès.

Elle n'a pas vu, non plus, que comme toutes les autres lois, elle devait d'abord être claire, nette, précise dans son texte et ensuite équitable dans son application.

Pourquoi, au point de vue du texte, avoir désigné un vice rhédibitoire sous le nom de *pousse*, quand la pousse n'est pas une maladie particulière, spéciale, mais bien un symptôme commun à plusieurs maladies différentes les unes des autres, et avoir ainsi, volontairement ou non, donné une apparence de raison à des milliers de procès ruineux pour les acheteurs comme pour les vendeurs ?

A l'heure qu'il est, et bien que la loi soit en usage depuis près de quarante ans, les experts les plus habiles, les plus savants, ceux qui sont le plus souvent consultés par les tribunaux, les professeurs des écoles vétérinaires, les directeurs, l'inspecteur général de ces écoles, n'ont pas encore pu se mettre complétement d'accord sur ce que, dans la pratique, on doit entendre sous le nom de pousse, nom si mal choisi par la loi.

Aussi, que de jugements contradictoires ! que de fourrières longtemps prolongées ! que d'expertises ! que de contre-expertises ! que d'arbitrages à propos de ce vice seulement !

Demandez-en des nouvelles à nos cultivateurs de la Beauce et du Perche : ils en savent presque tous quelque chose, ils en ont fait l'expérience à leurs dépens.

Pourquoi, au point de vue de l'équité, avoir inscrit dans la loi « *les maladies anciennes de poitrine* » maladies graves et cachées nous en convenons, quand on n'y inscrivait pas les maladies anciennes du ventre, maladies tout aussi graves et tout aussi cachées ? Pour préciser, le législateur de 1838 pourrait-il nous dire pourquoi un abcès dans le poumon ou un épanchement dans le sac des plèvres est plutôt rédhibitoire qu'un abcès dans le foie ou qu'un calcul dans l'intestin ?

Pourquoi, au point de vue de la multiplicité des vices, avoir accepté comme rhédhibitoires l'*épilepsie* ou mal caduc et les *hernies inguinales intermittentes*, maladies qui sont si rares que bien des cultivateurs, bien des marchands, déjà vieux, ne les ont jamais de leur vie une seule fois rencontrées; maladies, d'ailleurs, dont les accès sont si passagers, si momentanés, si éphémères, que, le plus souvent les experts ne peuvent pas les constater eux-mêmes *de visu;* maladies qui ne justifient, dès lors, en aucune façon, la haute faveur qu'on leur a accordée en les faisant figurer dans la loi?

Pourquoi également avoir admis comme rédhibitoire la *phthisie pulmonaire ou pommelière*, maladie si difficile à reconnaître pendant la vie, que lorsque l'expert veut se mettre à l'abri de toute espèce d'erreur, il est souvent obligé de conseiller l'abattage de l'animal, avant de donner son avis?

Inutile d'insister plus longtemps.

L'expérience a prononcé.

La loi du 20 mai 1838 a fait son temps, et il faut, soit la supprimer, soit la modifier dans le plus bref délai.

La suppression pure et simple de la loi, si elle était décidée, soumettrait à nouveau la vente des animaux à l'arbitraire des articles 1641 et 1648 du Code civil.

Mais le commerce du bétail ne ressemble pas à celui des matières inertes: on n'achète pas une vache, un cheval ou un mouton comme on achète une chaise, une culotte ou un chapeau.

Les défauts du bétail sont trop variés, trop cachés, trop difficiles à apprécier; il est nécessaire de les désigner nominativement, et, par conséquent, de maintenir ce précieux principe de la loi du 20 mai.

La suppression simple de la loi de 1838 ayant l'inconvénient que nous venons de signaler, celui de nous ramener fatalement aux articles 1641 et 1648, des spécialistes distingués, en tête desquels nous pouvons citer M. Magne, l'ancien directeur de l'école vétérinaire d'Alfort, ont été jusqu'à conseiller la suppression complète des vices rédhibitoires dans les ventes d'animaux.

Il n'y aurait plus, alors, en France, pour le commerce du bétail, d'autre loi que le *caveat emptor* des Anglais.

Avant de conclure son marché, chaque acheteur chercherait à se protéger comme il l'entendrait, soit par un examen sérieux, approfondi, soit en se faisant accompagner d'hommes plus éclairés que lui.

Cette solution radicale doit être repoussée, quand à présent du moins.

Et d'abord, bien que nous soyons intimement convaincu que l'avenir est à la liberté absolue de tout commerce, qu'il s'agisse de commerce national ou international, peu importe, il convient cependant d'admettre que les Français ne sont pas encore mûrs pour une semblable liberté, et nous estimons qu'il n'est pas opportun, pour le moment, de décider que c'est à chacun de surveiller ses intérêts, en choisissant avec le plus grand soin, et à ses risques et péril, les animaux qu'il achète.

En tous cas, si la mesure n'était pas générale elle ne serait pas équitable.

Tant qu'il y aura des vices rédhibitoires pour les autres marchandises, il doit y en avoir également pour le bétail.

Pourquoi, s'il vous plait, celui qui achète un animal domestique ne serait-il pas tout aussi bien protégé par la loi que celui qui achète un meuble, une calèche, ou une maison ?

Modifions donc la loi du 20 mai, puisque nous en pouvons pas actuellement la supprimer.

Le projet de Code rural, empressons-nous de le reconnaître, nous paraît rédigé dans ce sens, dans cet ordre d'idées.

Il est ainsi conçu :

TITRE VIII

DES VICES RÉDHIBITOIRES DANS LES VENTES D'ANIMAUX DOMESTIQUES

Article 83

A défaut de conventions contraires, et sans préjudice des dommages-intérêts qui sont dus s'il y a délit ou dol de la part du vendeur, seront réputés vices rédhibitoires et donneront seuls ouverture à l'action résultant de l'article 1641 du Code civil, dans les ventes ou échanges des animaux domestiques, les maladies ou défauts ci-après, savoir :

Pour le cheval, l'âne ou le mulet, la morve, le farcin, l'immobilité, l'emphysème pulmonaire, le cornage chronique, le tic avec ou sans usure des dents, les boiteries anciennes intermittentes, la méchanceté, la rétivité caractérisée par le refus de l'animal de se laisser utiliser au service auquel il est destiné.

Pour l'espèce bovine, la non-délivrance, si le part est antérieur à la livraison.

Pour l'espèce ovine, la clavelée : cette maladie, reconnue chez un seul animal, entrainera la rédhibition de tout le troupeau.

Le sang-de-rate : cette maladie n'entrainera la rédhibition de tout le troupeau qu'autant que, dans le délai de la garantie, la perte constatée s'élèvera au quinzième au moins des animaux achetés. Si la perte est moindre, la rédhibition n'a lieu que pour les animaux morts.

La rédhibition n'est admise, pour l'espèce ovine, que si le troupeau porte la marque du vendeur.

Pour l'espèce porcine, la ladrerie.

La nomenclature des vices rédhibitoires peut être modifiée par des règlements d'administration publique.

Art. 84

L'action en réduction du prix, autorisée par l'art. 1644 du Code civil, ne pourra être exercée dans les ventes et échanges d'animaux énoncés à l'article précédent.

Art. 85

Le délai pour intenter l'action rédhibitoire sera de neuf jours francs, non compris le jour fixé pour la livraison, à moins qu'un autre délai n'ait été convenu.

Art. 86

Si la livraison de l'animal a été effectuée, ou s'il a été conduit, dans les délais ci-dessus, hors du lieu du domicile du vendeur, les délais seront augmentés, à raison de la distance, suivant les règles de la procédure civile.

Art. 87

Dans toue les cas, l'acheteur, à peine d'être non-recevable, sera tenu de provoquer, dans les délais de l'art. 85, la nomination d'experts, chargés de dresser procès-verbal ; la requête sera présentée, verbalement ou par écrit, au juge de paix du lieu où se trouve l'animal ; ce juge constatera dans son ordonnauce la date de la requête, et nommera immédiatement un ou trois experts, qui devront opérer dans le plus bref délai.

Ces experts vérifieront l'état de l'animal, recueilleront tous les renseignements utiles, donneront leur avis, et, à la fin de leur procès-verbal, affirmeront par serment la sincérité de leurs opérations.

Art. 88

Le vendeur sera appelé à l'expertise, à moins qu'il n'en soit autrement ordonné par le juge de paix, à raison de l'urgence ou de l'éloignement.

La citation doit être donnée au vendeur dans le délai déterminé par les art. 85 et 86 et l'avertir qu'il sera procédé même en son absence.

Si le vendeur est appelé à l'expertise, la demande pourra être signifiée dans les trois jours, à compter de la clôture du procès-verbal dont copie sera signifiée en tête de l'exploit.

Si le vendeur n'est pas appelé à l'expertise, la demande devra être faite dans les délais fixés par les art. 85 et 86.

Art. 89

La demande est portée devant les tribunaux compétents, suivant les règles ordinaires du droit.

Elle est dispensée de tout préliminaire de conciliation : et devant les tribunaux civils, elle est instruite et jugée comme matière sommaire.

Art. 90

Si l'animal vient à périr, le vendeur ne sera pas tenu de la garantie, à moins que l'acheteur n'ait intenté une action régulière dans le délai légal, et ne prouve que la perte de l'animal provient de l'une des maladies spécifiées dans l'art. 38.

Art. 91

Le vendeur sera dispensé de la garantie résultant de la morve ou du farcin pour le cheval, l'âne et le mulet, et de la clavelée pour l'espèce ovine, s'il prouve que l'animal, depuis la livraison, a été mis en contact avec des animaux atteints de ces maladies.

Art. 92

Sont abrogés tous règlements imposant une garantie exceptionnelle aux vendeurs d'animaux destinés à la boucherie.

Ainsi qu'on peut facilement s'en apercevoir à la première lecture, le projet de Code rural ressemble à la loi du 20 mai 1838, en ce que, comme elle, il donne la nomenclature des vices, et en ce que, comme elle aussi, il fixe, d'une manière invariable, le délai dans lequel l'action rédhibitoire doit être intentée.

Il en diffère en ce qu'il n'accorde le droit à la rédhibition qu'à treize vices au lieu de seize, et en ce qu'il n'a qu'un seul délai uniforme de neuf jours au lieu de deux délais, les vices auxquels la loi de 1838 accorde un délai de trente jours étant supprimés dans le projet.

La loi du 20 mai se compose de huit articles ; le projet de Code rural en contient dix.

Les deux nouveaux articles, ceux inscrits sous les numéros 88 et 92, ont trait, le premier, à l'obligation, pour l'acheteur, d'appeler le vendeur à l'expertise; le second, à l'abrogation de tous règlements imposant une garantie exceptionnelle aux vendeurs d'animaux destinés à la boucherie.

Le projet de Code rural supprime six vices anciens, qui sont : la fluxion périodique des yeux, l'épilepsie ou mal caduc, les maladies anciennes de poitrine ou vieilles courbatures, les hernies inguinales intermittentes, la phthisie pulmonaire ou pommélière, et le renversement du vagin ou de l'utérus après le part chez le vendeur.

Il en conserve quatre, avec une légère modification dans leur dénomination : l'emphysème pulmonaire à la place de la pousse; le tic avec ou sans usure des dents à la place du tic sans usure des dents; les boiteries anciennes intermittentes à la place de la boiterie intermittente pour cause de vieux mal: la non-délivrance, si le part est antérieur à la livraison, à la place des suites de la non-délivrance après le part chez le vendeur.

Il en comprend six avec leur dénomination actuelle : la morve, le farcin, l'immobilité, le cornage chronique, la clavelée, le sang de rate.

Enfin, aux anciens vices conservés, il en ajoute trois nouveaux : la méchanceté, la rétivité et la ladrerie.

Telles sont, esquissées à grands traits, les ressemblances et les différences principales qui existent entre la loi du 20 mai et le projet de Code rural.

Ce projet, que nous avons le ferme espoir de voir encore fortement modifié et amendé par le Sénat, au moment de la discussion, nous paraît cependant, dès à présent, préférable à la loi actuelle.

En effet, non-seulement, comme cette loi, il désigne nominativement les vices et il fixe invariablement le délai rédhibitoire, mais encore, ne reconnaissant, ainsi que nous l'avons indiqué tout à l'heure, que treize vices et qu'un seul délai de garantie de neuf jours, on peut d'avance en conclure qu'il aura pour effet certain de diminuer, dans de larges proportions, le nombre des procès, et de ne plus tenir les vendeurs aussi longtemps inquiets après la vente, qu'ils le sont aujourd'hui.

En conséquence, au point de vue de l'économie comme à celui des soucis, des ennuis, des tracas, tout le monde y gagnera.

L'introduction, dans le projet, des deux nouveaux articles (articles 88 et 92), constitue un avantage d'un autre genre.

La loi de 1838 est muette sur la question de savoir si, en cas de contestation, le vendeur sera ou ne sera pas appelé à l'expertise.

L'appel dont il s'agit est actuellement une affaire d'habitude, de caprice : c'est presque un usage local abandonné le plus souvent au libre arbitre de MM. les huissiers ; en tout cas, c'est l'exception.

La loi nouvelle, (article 88) rend obligatoire cet appel, et elle fait bien : elle met en présence les deux parties, au début du procès, et elle permet ainsi à l'expert qui comprend son devoir, de terminer le plus ordinairement l'affaire par une transaction avantageuse à l'acheteur comme au vendeur.

L'obligation n'est pas absolue, et, pour nous servir des termes du projet, « il peut en être autrement ordonné » par le juge de paix à raison de l'urgence ou de l'éloi- » gnement. »

Cela se conçoit.

Aujourd'hui, avec la facilité et la rapidité des transports, un cheval acheté à Brest ou à Caen est souvent, pendant la durée du délai, transporté à Marseille ou à Lyon. Dans ce cas, si l'animal, arrivé à sa nouvelle demeure, paraît atteint d'un vice rédhibitoire et si une mise en règle s'ensuit, le juge de paix, « en raison de l'éloignement, » pourra ordonner que le vendeur en sera pas appelé à assister à l'expertise, et éviter ainsi un déplacement quelquefois pénible, toujours coûteux.

Il pourra en être de même « en raison de l'urgence, » lorsque la bête sera morte ou mourante au moment où l'ordonnance sera rendue. On comprend que, dans l'espèce, il y aurait, par une température quelque peu élevée, de bien graves inconvénients à attendre. pour procéder à l'autopsie, l'arrivée du vendeur.

Mais, dans les circonstances ordinaires et en principe, le vendeur devra être appelé à l'expertise.

L'article 92 du projet qui nous occupe abroge, avec juste raison, tous les règlements imposant une garantie exceptionnelle aux vendeurs d'animaux destinés à la boucherie.

La loi du 20 mai ne s'étant en aucune façon occupée de ces animaux, le commerce de la boucherie, tout d'abord régi par les anciennes coutumes, l'a été ensuite par les articles 1641 à 1648 du Code civil. à l'exception toutefois de la boucherie de quelques grandes villes, qui a été depuis longtemps et qui est encore aujourd'hui soumise à des règlements particuliers.

A Paris, notamment, un arrêt de règlement rendu au Parlement le 13 juillet 1699, confirmé depuis par diverses sentences et lettres patentes, ainsi que par l'ordonnance de police approuvée par le ministre de l'intérieur, le 25 mars 1830, porte textuellement :

« Les marchands forains seront garants envers les » marchands bouchers, dans les neuf jours depuis la » vente, pour les bœufs, de quelque pays qu'ils viennent,

» et pour toutes sortes de maladies, ainsi qu'il s'est » pratiqué jusqu'à présent, à la charge que les mar- » chands bouchers les feront conduire depuis Sceaux » jusqu'à Paris, en troupes médiocres, et par un nombre » suffisant de personnes ; les nourriront convena- » blement, et que les bouveries où ils les hébergeront, » seront nettes, bien couvertes et en bon état de » réparations, en sorte que la mort desdits bœufs ne » puisse être causée par la faute desdits marchands » bouchers ou de ceux qu'ils préposeront à leur con- » duite ; et que les visites et rapports, en cas de mort » dans les neuf jours, seront faits en la manière accou- » tumée de l'ordonnance du lieutenant de police, etc., » etc. ; enjoint audit lieutenant de police de tenir la » main à l'exécution du présent arrêt, qui sera publié » à son de trompe et cri public, dans ledit marché de » Sceaux, et affiché aux lieux et endroits accoutumés. »

Nous n'avons pas à étudier ici si ces arrêt de règlement, sentences, lettres patentes et ordonnance de police avaient ou n'avaient pas, au moment où ils ont été créés, une raison d'être plus ou moins justifiée.

Tout ce que nous pouvons dire, c'est qu'aujourd'hui ils sont absolument surannés ; c'est qu'ils constituent, en faveur des bouchers des grandes villes, une dérogation flagrante au droit commun, un privilége exorbitant que rien n'explique ni n'autorise ; c'est qu'ils sont plus ou moins nuisibles aux intérêts des producteurs et des marchands de bestiaux ; c'est qu'enfin, ils sont tout-à-fait contraires aux règles les plus élémentaires de la plus stricte équité, et, par conséquent, le projet de Code rural fait bien de les abroger.

Que le Sénat, du reste, prononce sans la moindre inquiétude cette abrogation : l'alimentation de Paris, ni celle de quelques autres villes qui jouissent de la garantie exceptionnelle dont il s'agit n'en sera pas, pour cela, le moins du monde compromise.

Nous savons très-bien qu'il y a près de deux millions d'estomacs à satisfaire dans la grande ville ; nous savons également que la plupart de ces estomacs sont exigeants et consomment beaucoup de viande relativement.

Mais, est-ce qu'il y a besoin de privilége pour subvenir à cette consommation ?

Est-ce que Paris n'a pas ses halles centrales, ses marchés de la Villette et ses chemins de fer qui valent infiniment mieux que tous les priviléges réunis ?

Est-ce qu'il n'a pas ce grand courant commercial qui, de tous les coins de la France et de l'étranger, porte tout vers ses murs ?

Est-ce que les gens les plus timorés peuvent, avec la moindre apparence de raison, craindre de voir Paris soumis à la disette, quand la statistique officielle établit que notre riche capitale reçoit annuellement sur ses marchés :

150.000.000	de kilogrammes	de viande de boucherie,
20.000.000	—	volaille et de gibier,
22.000.000	—	viande de porc,
25.000.000	—	de poissons,
14.000.000	—	de beurre,

etc., etc., etc.

S'il nous était permis d'ajouter un troisième article aux deux articles nouveaux qui précèdent, nous en ajouterions un qui a déjà été proposé, en 1858, à la société centrale de médecine-vétérinaire, par MM. Renault et Reynal, le premier ancien directeur, le second directeur actuel de l'école d'Alfort, nous en ajouterions un, disons-nous, que nous recommandons, dans tous les cas, à la sagesse et à l'attention de Messieurs les Sénateurs.

Nous formulerions ainsi cet article qui deviendrait forcément le troisième paragraphe de l'article 83.

« A l'exception des cas de morve ou de farcin, il n'y » aura pas de garantie pour le cheval, l'âne ou le mulet, » dont le prix de vente sera inférieur à cent francs. »

Voici, aussi brièvement que possible, l'exposé de nos motifs.

Le droit de plaider, surtout quand il s'agit d'animaux vivants qui ont besoin de soins et qui mangent tous les jours est un droit excessivement onéreux.

Ce droit coûte relativement très-cher quand la bête faisant l'objet du procès est d'un faible prix.

Les frais de requête au juge de paix, d'ordonnance de ce juge, d'assignation au vendeur, d'expertise, de fourrière, etc., ne se proportionnent pas, en effet, à la valeur de l'animal et sont exactement les mêmes pour une rosse de moins de cent francs que pour un étalon de trois ou quatre mille francs.

L'exception que nous proposons pourrait être d'autant plus facilement admise qu'aujourd'hui, s'il arrive à un malheureux d'acheter un cheval, un âne, ou un mulet impropre à son service, parce que l'animal est atteint d'immobilité, de tic, de cornage, etc., etc., ce malheureux pourra, le plus souvent, se débarrasser en livrant la bête aux boucheries hippophagiques qui s'établissent à présent, avec un certain succès, dans presque toutes les grandes villes.

Il fera ainsi un sauvetage d'au moins la moitié, quelquefois des deux tiers de la somme qu'il a dépensée à son acquisition, ce qui vaudra infiniment mieux pour lui que d'intenter à son vendeur, quelquefois insolvable, un procès souvent scabreux et toujours plus ou moins coûteux, même en admettant une solution favorable.

Notre tolérance ne va pas, bien entendu, jusqu'à permettre la vente sans garantie de chevaux atteints de morve ou de farcin, quelque minime que puisse être, d'ailleurs, le chiffre de la vente.

La morve et le farcin sont deux maladies essentiellement contagieuses ; contagieuses, non-seulement du cheval au cheval, mais encore du cheval à l'homme, et la vente d'animaux atteints d'affections si graves ne saurait jamais être tolérée sans le plus grand danger.

Nous demandons plus loin, dans le cours de notre travail, la radiation du seul vice rhédibitoire de l'espèce bovine admis par le projet, la non-délivrance.

Si, contre notre attente, le Sénat maintenait ce vice, nous proposerions, dans ce cas, comme chez le cheval, la suppression de la garantie pour la vache qui aurait été vendue au-dessous de cent francs.

La non-délivrance ne peut se présenter, en effet, que sur une bête venant de vêler, c'est-à-dire sur une vache ayant du lait, donnant du produit.

Conséquemment celui qui achète, pour moins de cent francs, une vache dans cette condition, doit bien savoir que c'est une pauvre bête qu'il va introduire dans son étable ; que si l'animal a quelque défaut, en revanche, il ne lui a pas coûté cher ; qu'en somme il a de la marchandise pour son argent.

Les six vices supprimés ont été avec raison retranchés de la nouvelle nomenclature, ainsi que cela ressort des quelques considérations qui suivent.

1° *La Fluxion périodique des yeux.* La fluxion périodique est souvent difficile à constater, surtout quand, ainsi que cela arrive le plus ordinairement, l'expert est appelé à la fin d'un accès.

Par cela même, il est souvent nécessaire d'attendre le développement d'un second accès, ce qui force à prolonger outre mesure la fourrière, laquelle peut durer deux, trois mois, si ce n'est plus.

De là, des dépenses excessives.

De là, de grands embarras, de grands soucis pour les acheteurs comme pour les vendeurs, et bien que la maladie soit grave, bien qu'elle soit cachée, dans la vraie acception du mot, il y a, néanmoins, avantage à la supprimer, d'accord avec le projet, de la liste des vices rédhibitoires.

Il faut, d'ailleurs, résolument rayer de la loi à venir tous les vices dont la constatation entraîne de trop grandes lenteurs ou de trop grandes difficultés et, comme conséquence, de trop grands frais.

2° *L'épilepsie ou mal caduc.* La loi du 20 mai a fait de l'épilepsie un vice rédhibitoire commun aux espèces chevaline et bovine, bien que cette maladie soit excessivement rare sur l'espèce chevaline surtout.

De même que la fluxion périodique, l'épilepsie se manifeste par accès, et les accès sont souvent séparés les uns des autres par des intervalles de un, deux ou trois mois.

Ces accès ne laissant aucune trace de leur passage, il faut, pour que le mal soit constaté, que l'expert soit présent juste au moment où ils se déclarent, et quand on sait que leur durée n'est que de quelques minutes, on comprend aisément que, dans la pratique, la constatation de l'épilepsie soit, ainsi que nous l'avons déjà dit, chose excessivement difficile.

Ajoutons que l'épilepsie, de même que la fluxion périodique, si elles avaient été conservées dans le projet, auraient, à cause de l'intermittence de leurs accès et du long intervalle qui sépare ces accès les uns des autres, nécessité leur ancien délai, celui de trente jours, et qu'ainsi le projet de Code rural aurait été privé d'un de ses plus grands avantages, celui qui consiste à n'admettre, pour tous les vices quels qu'ils soient, qu'un délai unique dont la durée n'est que de neuf jours.

3° *Les maladies anciennes de poitrine ou vieilles courbatures.* Les maladies anciennes de poitrine sont des maladies graves et cachées; cachées pendant la vie, cachées même après la mort, la majeure partie des experts n'étant pas d'accord sur les symptômes ni sur les lésions pulmonaires qui permettent de distinguer, d'une façon bien claire et bien nette, les maladies anciennes de poitrine des maladies nouvelles.

Aussi, à propos de ce vice, se commet-il de grosses et de complètes erreurs, et le meilleur moyen à employer pour remédier à ces erreurs, c'est de supprimer le vice, la suppression n'ayant, du reste, qu'un très-léger inconvénient, attendu que les maladies anciennes de poitrine sont relativement rares, et que, lorsqu'elles existent, elles ne frappent généralement que des chevaux d'une très-mince valeur.

4° *Les hernies inguinales intermittentes.* Encore un vice rare, un vice plus rare que tous ceux qui précèdent.

Les chevaux hongres et les juments en étant absolument exempts, il n'y a que les chevaux entiers qui puissent en être atteints.

Encore également un vice dont la constatation est des plus difficiles et des plus longues.

Le diagnostic des hernies inquinales continues est déjà quelquefois embarrassant pour certains experts;

c'est bien une autre affaire quand, au lieu de hernies continues, il s'agit de hernies intermittentes.

Aussi, la Société centrale de médecine vétérinaire, par l'organe de MM. Renault, Bouley, Riquet, Reynal, Villatte, Rossignol, Sanson, etc., a-t-elle été, dès 1858, à peu près unanime pour demander la radiation complète de ce vice.

Cette radiation, nous la demandons aussi et nous ne pouvons jamais la demander en meilleure compagnie qu'avec nos honorables collègues ci dessus désignés, ainsi qu'avec Messieurs les rédacteurs du projet de Code rural.

5° *La phthisie pulmonaire ou pommélière.* La phthisie pulmonaire n'est pas une maladie rare ; elle est, au contraire, malheureusement assez fréquente. dans toutes les localités, sur les vaches laitières et sur les bœufs de travail.

Disons, en outre, qu'elle est relativement peu grave, en ce sens que, le plus souvent, les animaux qui en sont atteints vivent longtemps avec cette affection ; qu'ils boivent et mangent, qu'ils engraissent et donnent du lait comme s'ils étaient en parfaite santé.

Disons enfin que la constatation de la maladie, du vivant de l'animal. est à peu près complétement impossible, l'expert voyant bien que la bête soumise à son examen est atteinte d'une affection quelconque de la poitrine, mais ne pouvant pas reconnaître, ni par conséquent dire, si cette affection est bien celle à laquelle appartient spécialement la désignation de phthisie pulmonaire ou pommélière.

Tant que la science n'aura pas trouvé et donné le moyen de résoudre cette difficulté, il faut nécessairement, pour éviter des procès interminables, maintenir la suppression de la phthisie comme le propose le projet de Code rural.

6° Enfin, *le renversement du vagin ou de l'utérus après le part chez le vendeur*. Il s'agit ici d'un vice qui n'est généralement pas grave, qui disparaît souvent de lui-même, quelque temps après le vêlage, surtout quand on a soin de maintenir la bête sur un sol incliné, plus élevé en arrière qu'en avant, et auquel, dans le cas rare où il persiste, on remédie très-facilement à l'aide d'un bandage spécial, bien connu de tous les marchands et de tous les cultivateurs.

On a, d'ailleurs, dans le cas de la persistance du vice et dans le cas où, par exception, le mal serait grave, la ressource précieuse de livrer l'animal à la boucherie, avec une perte minime, ce qui vaut infiniment mieux que le meilleur de tous les procès

Nous arrivons, maintenant, aux modifications relatives à la dénomination de quelques-uns des anciens vices conservés dans le projet nouveau.

1° *L'emphysème pulmonaire*. — Le projet de Code rural remplace par ces mots « l'emphysème pulmonaire » ceux de « la pousse, » employés par la loi actuelle.

Les auteurs du projet ont grandement raison, et nous ne saurions trop les en féliciter.

La pousse, en effet, n'est pas une maladie ; c'est, nous l'avons indiqué en commençant, un symptôme commun à plusieurs affections différentes les unes des autres, tandis que l'emphysème pulmonaire est, au contraire, un mal spécial, bien connu, bien déterminé, qui consiste en une déchirure des vésicules pulmonaires, laissant pénétrer l'air dans le tissu du poumon, et occasionne ainsi des dérangements notables dans l'acte de la respiration.

La suppression de la pousse sera assurément vue d'un très-bon œil par tous les vendeurs qui vont aussitôt applaudir des deux mains.

Mais la substitution de l'emphysème pulmonaire à la pousse, déjà proposée, il y a près de vingt ans, — en 1858, — à la Société centrale de médecine vétérinaire, par mon vieil ami, mon excellent confrère, M. Garreau, de Châteauneuf, doit-elle être approuvée?

Examinons.

L'emphysème pulmonaire est une maladie fréquente sur les chevaux âgés qui ont été employés à un service fatigant.

Il déprécie d'une manière notable les animaux, lorsqu'il est arrivé à sa dernière période de développement.

Au début du mal, on ne peut pas le reconnaître.

A une période plus avancée, les troubles de la respiration augmentent, et l'emphysème se dévoile à l'expert, pourvu que cet expert ait une certaine habitude, une certaine habileté.

Il se manifeste par une irrégularité des mouvements du flanc, qui sont entrecoupés dans l'inspiration comme dans l'expiration ; par une plus grande résonnance des parois de la poitrine à la percussion ; par une faiblesse variable du murmure respiratoire, et par plusieurs râles, plusieurs bruits anormaux que perçoit l'oreille à l'auscultation ; par une toux quinteuse, petite, sèche, avortée, sans rappel, toute particulière, toute caractéristique, et enfin par un léger jetage d'une teinte grise-ardoisée.

A ce moment, et au moyen des symptômes ci-dessus, l'emphysème pulmonaire ne peut plus être mis en doute.

Pour le distinguer des autres affections de la poitrine qui ont le même siége et avec lesquelles il pourrait être confondu, il suffit à l'expert qui connaît son métier d'avoir des yeux et des oreilles et de bien vouloir s'en servir.

Etant fréquent, diminuant la valeur de l'animal et étant relativement assez facile à constater, l'emphysème pulmonaire a incontestablement droit à être rangé parmi les vices rédhibitoires.

Il y a d'autant plus droit que presque tous les maquignons de bas étage connaissent, aujourd'hui, un ou plusieurs moyens de le masquer momentanément aux yeux de l'acheteur, et qu'ils usent et abusent presque tous de ces moyens.

Il y a d'autant plus droit encore, que l'emphysème pulmonaire est la maladie des vieux chevaux ; qu'il s'exagère avec l'âge ; qu'il devient ainsi, à la fin, un défaut grave, et que ces vieux chevaux sont justement ceux qui sont achetés par les petites bourses, lesquelles ont le plus besoin de protection.

2° *Les boiteries anciennes intermittentes.* — La boiterie, personne ne le niera, est un défaut grave, en ce sens qu'elle diminue généralement la somme et la durée des services que l'animal peut rendre.

Elle est, en outre, assez fréquente chez les chevaux qu'elle déprécie le plus, c'est-à-dire chez les chevaux fins, employés au trot ou au galop, attelés ou montés.

Elle est enfin facile à dissimuler quand elle est intermittente, le vendeur connaissant le vice de son cheval et ayant soin de ne mettre sa bête en vente que lorsqu'elle est refroidie ou échauffée suivant que la boiterie se manifeste à chaud ou à froid.

C'est donc un vice que le projet fait bien de conserver.

La formule actuelle « la boiterie intermittente pour cause de vieux mal » a donné à supposer à quelques experts, à quelques auteurs, que la boiterie devait être rattachée à un vieux mal spécial, qu'il fallait nécessairement préciser, ce qui, dans la pratique, est le plus souvent très-difficile pour ne pas dire impossible.

La nouvelle formule « les boiteries anciennes intermittentes, » est plus claire, plus nette, elle exige de la boiterie, pour qu'elle soit rédhibitoire, deux conditions : l'ancienneté et l'intermittence du mal, deux conditions faciles à établir.

Une fois que ces deux conditions sont remplies, le vice rédhibitoire est acquis.

Nous approuvons le changement de rédaction et le maintien du vice au nombre des maladies rédhibitoires.

2° *Le tic avec ou sans usure des dents.* — La modification relative à la dénomination de ce vice nous paraît moins heureuse que les deux précédentes.

Dans le langage hippique, on désigne ordinairement sous le nom générique de tic, une maladie qui consiste en une brusque contraction des muscles du cou et des parois du ventre, accompagnée d'une espèce de rot.

Parmi les chevaux qui sont atteints de cette affection, les uns, au moment où ils vont tiquer, saisissent avec leurs dents les corps solides qui sont à leur portée — la mangeoire, le râtelier, le brancard de la voiture, le trait, etc., etc.; — ils s'usent ainsi, en biseau, les incisives de l'une des mâchoires, quelquefois des deux, et nous donnent un exemple du tic avec usure des dents.

Les autres se contentent de lever le nez en l'air ou d'appuyer le menton sur l'auge, sans rien saisir avec les mâchoires; puis, contractant l'encolure et faisant entendre l'espèce de rot dont nous avons parlé, ils nous fournissent un exemple du tic sans usure des dents.

Le tic est un vice caché, puisqu'il n'apparaît que par moments, par intervalles et que l'usure anormale des dents, même quand elle existe, ne peut être reconnue que par un œil exercé.

Il est fréquent sur les bêtes inactives, inoccupées, qui restent trop longtemps à l'écurie.

Il est, de plus, assez grave, les chevaux tiqueurs se météorisant souvent et se nourrissant, s'entretenant mal, tout en mangeant et dépensant beaucoup.

Cela suffit évidemment pour légitimer l'admission du tic au nombre des vices rédhibitoires.

Mais il y a une infinité de tics.

Outre le tic ordinaire, le tic proprement dit, avec ou sans usure des dents, celui que nous avons décrit dans les lignes qui précèdent, il y a le tic de l'ours, le tic de manger la terre, le tic de lécher les murs, le tic de se coucher en vache, etc.

Quels sont ceux de ces tics qui seront garantis par la loi nouvelle?

Quels sont ceux qui ne le seront pas?

La loi du 20 mai, avec sa formule « le tic sans usure des dents, » a donné lieu à de fausses interprétations, à des abus regrettables, certains auteurs, certains experts et certains tribunaux, ayant admis comme rédhibitoires tous les tics, si ce n'est celui qui s'accompagne d'usure des dents. (Voir. jugements du tribunal de commerce d'Auxerre, années 1839 et 1844. — Voir également jugement du tribunal civil de Tonnerre, année 1855. — Voir, enfin : *De la garantie et des vices rédhibitoires dans le commerce des animaux domestiques*, par Huzard fils et Harel, 1844, 2e édition.)

En prenant à la lettre la formule adoptée par le projet « le tic avec ou sans usure des dents, » les mêmes abus pourront reparaître encore, et tous les tics, dans l'avenir, pourront être rhédibitoires.

Les auteurs du projet ont-ils voulu aller jusque-là et garantir une foule de tics qui ne sont que des habitudes plus ou moins vicieuses, mais non des maladies, dans le vrai sens du mot ?

Nous ne le croyons pas et nous estimons d'ailleurs, que si telle avait été leur intention ils se seraient purement et simplement contenté de dire : le tic quel qu'il soit.

S'il en est ainsi, et il ne nous paraît guère probable qu'il en soit autrement, la rédaction du projet a, comme l'ancienne, le défaut d'être ambiguë, de manquer de clarté, de précision et nous proposons de la remplacer par celle-ci :

« Le tic proprement dit, caractérisé par une contraction
» spasmodique des muscles de l'encolure, ainsi que par
» une espèce de rot spécial, particulier. »

4° *La non-délivrance, si le part est antérieur à la livraison.* C'est le seul vice applicable à l'espèce bovine et encore il n'est applicable qu'à la femelle.

Une disposition anatomique particulière des cotylédons placentaires retarde, chez la vache, comme chez tous les ruminants, l'expulsion du délivre et fait que, sur cette bête, la délivrance plus lente que sur la plupart de nos autres espèces domestiques: — la jument, la chienne, la truie, — n'a souvent lieu que 24 ou 48 heures après le vêlage.

Fort heureusement que si la non-délivrance est fréquente chez la vache, en revanche, elle est généralement peu grave, le délivre qui n'est pas expulsé aussitôt après le part l'étant le plus souvent, au bout de quelques jours, sans inconvénient marqué.

Ce n'est que par hasard et par un hasard assez rare que le séjour des enveloppes fœtales dans la matrice se prolonge outre mesure et que la non-délivrance devient sérieuse pour quelques bêtes auxquelles elle enlève momentanément une partie de leur lait, leur appétit, leur embonpoint.

Si le mal n'est le plus ordinairement pas grave, et si ce n'est que par exception qu'il déprécie la bête qui en est atteinte, pourquoi, exactement comme si cette gravité et cette dépréciation étaient la règle, faire de la non-délivrance un vice rédhibitoire ?

Pouquoi jeter, par là, dans le commerce du bétail, une perturbation relativement grande en raison de l'extrême fréquence des cas de non-délivrance ?

Puis, la non-délivrance est une maladie à part : c'est une maladie récente si jamais il en fut, puisqu'elle ne date et ne peut dater seulement que de quelques heures ou de quelques jours ; c'est surtout une maladie très-facilement curable dans l'immense majorité des cas.

Si vous en faites un vice rédhibitoire, ne voyez-vous pas que vous allez enlever à l'acheteur l'intérêt qu'il devrait avoir à loger, à soigner, et à faire traiter convenablement la bête et que le vendeur, plus ou moins éloigné, n'y pouvant rien, absolument rien, sera responsable des actes d'autrui ?

Enfin, la non-délivrance est un mal ordinairement visible même à l'œil le moins exercé, le délivre pendant quelquefois, en dehors de la vulve, de 40, 50, 60 centimètres, et, à moins d'être aveugle, il est, dans ce cas, impossible à l'acheteur de ne pas s'en apercevoir.

Après avoir inscrit, à tort, selon nous, la non-délivrance au nombre des vices rédhibitoires, le projet ajoute que la rédhibition aura lieu « si le part est antérieur à la livraison. »

L'intention des auteurs est louable et se comprend aisément ; mais la rédaction est défectueuse.

On sait, en effet, que les vaches se vendent, le plus souvent, prêtes à vêler et qu'elles ne sont pas habituellement livrées aussitôt après la vente, la livraison étant remise à la fin de la foire ou du marché, au lendemain et quelquefois au surlendemain.

Les choses se passant ainsi, il n'est pas du tout rare que la bête vendue vêle après la vente, mais avant la livraison et si, dans ce cas, il y a non-délivrance, le part étant antérieur à la livraison, le vendeur, suivant les termes du projet, pourrait être appelé et poursuivi comme responsable !

Cela ne nous paraît ni possible ni équitable.

La loi du 20 mai, à propos du vice en question, s'exprime ainsi : « Les suites de la non-délivrance après le part chez le vendeur. »

« Les suites de la non-délivrance » qu'est-ce que cela signifie ?

Les suites graves très-probablement.

Mais où est la limite entre les suites graves et celles qui ne le sont pas ?

Cette limite, elle n'existe pas, et la loi actuelle la laisse à l'arbitraire des experts et des tribunaux.

En ajoutant ces mots « après le part chez le vendeur, » le législateur de 1838 a donné à l'acheteur une garantie illusoire, car, lorsque les marchands ont à se débarrasser de bêtes non délivrées, ils échappent aisément à la loi, en faisant vendre leurs vaches par des intermédiaires chez lesquels le part n'a pas eu lieu et qui, par conséquent, ne sont pas responsables.

La formule nouvelle ne vaut rien.

La formule ancienne ne vaut pas mieux.

Rejetons-les toutes les deux, et supprimons en même temps le vice, la suppression, dans les cas ordinaires qui sont de beaucoup les plus nombreux, ne présentant aucun danger, et, dans les cas graves, qui sont très-rares, n'ayant qu'un léger inconvénient, puisque l'animal peut, moyennant une perte minime, être livré à la boucherie.

Des six vices conservés avec leur ancienne dénomination, cinq ont leur raison d'être, ce sont : la morve, le farcin, l'immobilité, le cornage chronique et la clavelée.

Nous n'avons, ici, qu'à en approuver, sans aucune observation, le maintien, et, de concert avec les auteurs du projet, à demander au Sénat de bien vouloir les accepter.

Quand au sang de rate, c'est différent.

Il ressort, en effet, d'expériences dont l'Association médicale d'Eure-et-Loir a eu, en 1852, l'honneur de prendre l'initiative, que le sang de rate, c'est le charbon du mouton, comme la maladie de sang est celui de la vache, comme la fièvre charbonneuse est celui du cheval.

Si donc, conformément au projet, on admet à la rédhibition le charbon du mouton autrement dit le sang de rate, en bonne logique, il faudrait également admettre le charbon de la vache et celui du cheval qui sont des maladies absolument identiques, qui se développent simultanément, dans les mêmes localités, dans les mêmes fermes, et qui sont tout aussi graves, puisqu'ils sont toujours ou à peu près mortels comme lui.

Ou il y a, dans le projet, ainsi que nous le croyons, un vice de trop : le sang de rate, où il en manque deux : la maladie de sang de la vache et la fièvre charbonneuse du cheval.

Choisissez.

Ce premier point établi, disons que, dans toutes les localités où le charbon fait les plus grands ravages, on sait pertinemment qu'il suffit de conduire et de laisser parquer, pendant quelques jours, un troupeau quelconque, sur tels ou tels champs, dans telle ou telle autre contrée, pour voir aussitôt le sang de rate apparaître dans le troupeau.

C'est là une vérité bien connue de tous les vieux praticiens, de tous les vrais observateurs ; vérité qui nous autorise à dire que le sang de rate peut se déclarer du fait de l'acheteur, et que, dès lors, il ne doit pas constituer un vice rédhibitoire.

Ajoutons, d'ailleurs, que, depuis que la loi de 1838 est en vigueur, c'est-à-dire depuis près de quarante ans, nous ne croyons pas nous tromper en affirmant que le sang de rate n'a pas donné naissance à une moyenne de un procès par an dans la France entière.

Voici pourquoi il en est ainsi.

L'émigration du troupeau ayant la propriété d'arrêter presque immédiatement les ravages du sang de rate, et la vente amenant une émigration forcée, il en résulte, que la mortalité, tant grande qu'elle ait pu être chez le vendeur, diminue considérablement pour cesser presque aussitôt chez l'acheteur.

C'est ce qui fait que, bien que celui qui écrit ces lignes habite depuis trente-cinq ans la Beauce, le pays de prédilection du sang de rate et que l'exercice de sa profession le mette en rapports continuels avec les fermiers, il ne connaît pas un seul exemple de perte s'élevant, dans le délai de la garantie, au quinzième des animaux achetés, chiffre de perte nécessaire pour amener la rédhibition de tout le troupeau.

Quant à la rédhibition partielle, elle n'est pas plus souvent réclamée que la rédhibition totale, attendu que pour un, deux ou trois moutons pour cent qui, par hasard, pourraient être morts, dans le délai des neuf jours, et pour une perte sèche correspondante de 30, 60 ou 90 francs, il faudrait dépenser au moins une centaine de francs en requête, ordonnance, assignation, etc. et, que le remède serait pire que le mal.

Une longue expérience, une expérience de quarante ans prouve donc que la garantie, à propos du sang de rate, est absolument inutile.

Pour les diverses raisons qui précèdent, nous estimons qu'il y a lieu de retrancher le sang de rate de la liste des vices rédhibitoires, et nous aimons à croire que le Sénat pensera comme nous.

Nous voici, à présent, aux trois nouveaux vices proposés par le projet: la méchanceté, la rétivité et la ladrerie.

De ces trois vices, nous estimons qu'il y a lieu d'en supprimer deux, la méchanceté et la rétivité, et d'en conserver un, la ladrerie.

1° *La ladrerie.* — La ladrerie est une maladie spéciale du porc, caractérisée par le développement lent, dans le tissu cellulaire et dans la chair, de nombreuses vésicules, de vers particuliers qui ne sont autre chose que des cysticerques ladriques.

Le porc ladre, tout malade qu'il est, paraît cependant jouir d'une bonne santé.

Sa viande, quand il est abattu, est parsemée de cysticerques visibles à l'œil nu, variant du volume d'un grain de millet à celui d'une lentille et croquant sous la dent de celui qui s'en nourrit.

La ladrerie est une maladie grave, puisqu'il est

reconnu aujourd'hui que la chair du porc ladre est insalubre et qu'elle engendre le *tœnia* ou ver solitaire chez les personnes auxquelles elle sert d'aliment.

Aussi, partout où les inspecteurs de la boucherie la rencontrent, la confisquent-ils sans pitié.

La ladrerie est, en outre, une maladie fréquente et elle l'est tellement que, sur tous les marchés importants se trouvent des inspecteurs spéciaux, connus sous le nom de *langueyeurs*, qui sont chargés d'examiner les porcs afin d'empêcher de livrer à la consommation ceux qui sont malades.

Elle est enfin généralement cachée pour la majeure partie des acheteurs et il n'y a guère que les langueyeurs et les vétérinaires qui, du vivant de l'animal, parviennent à reconnaître son existence ; encore faut-il, pour être sûr de son diagnostic, que le vendeur n'ait pas gratté et fait disparaître de la partie inférieure de la langue, les vésicules, les grains qui la caractérisent.

Presque toutes les anciennes coutumes de nos vieilles provinces avaient rangé la ladrerie au nombre de leurs vices rédhibitoires ; mais le législateur de 1838, pensant à tort que cette maladie était facile à reconnaître et que la chair de l'animal, bien que légèrement dépréciée, pouvait cependant servir, sans danger, à l'alimentation publique, repoussa de sa nomenclature le mal qui nous occupe.

Il est temps, grandement temps de réparer cette erreur regrettable au point de vue de la salubrité publique, et, d'accord avec les auteurs du projet, le Sénat, nous l'espérons, s'empressera de la réparer en inscrivant la ladrerie dans la liste des vices rédhibitoires de l'avenir.

2° *La méchanceté.* — Commençons par reconnaître qu'il s'agit encore ici d'un vice grave.

Le cheval méchant est, en effet, dangereux pour les autres chevaux au milieu desquels il vit, avec lesquels il est en relations continuelles de jour et de nuit ; il l'est encore pour les personnes qui le soignent, le pansent, le harnachent, l'attèlent, le conduisent et l'approchent pour un motif quelconque.

Ajoutons qu'on peut même masquer momentanément la méchanceté à l'aide des narcotiques ou tout simplement au moyen de boissons alcooliques.

Mais, est-ce à dire pour cela, qu'il faut ranger, introduire la méchanceté au nombre des vices rédhibitoires ?

Nous ne le croyons pas.

Si on inscrit ce nouveau vice dans la loi, il faudra inscrire aussi — comme le demande du reste le projet — la rétivité, et, une fois sur ce terrain, une fois admis que les vices de caractère pourront donner lieu à une action en garantie, où s'arrêtera-t-on ?

Pourquoi, par exemple, les acheteurs de chevaux méchants jouiraient-ils d'une faveur qui ne serait pas accordée aux acheteurs de vaches ou de bœufs méchants, aux acheteurs de chevaux peureux ou même ombrageux ?

S'il est dangereux de recevoir un coup de pied ou un coup de dents de cheval, ce dont nous ne disconvenons nullement, prétendrait-on, par hasard, qu'il n'est pas dangereux de recevoir un coup de corne d'une bête bovine quelconque, d'un taureau, d'un bœuf ou d'une vache ?

Si la méchanceté est un vice assez fréquent sur le cheval, prétendrait-on qu'elle est rare sur le taureau, sur le bœuf ou sur la vache ?

La méchanceté étant aussi dangereuse et à peu près aussi fréquente dans l'espèce bovine que dans l'espèce chevaline, pourquoi serait-elle rédhibitoire chez une espèce et ne le serait-elle pas chez l'autre?

Et la peur du cheval, attelé ou monté, quand on l'envisage au point de vue des accidents nombreux, variés, terribles qu'elle peut occasionner et qu'elle occasionne journellement aux personnes, n'est-elle pas un vice tout au moins aussi redoutable que la méchanceté?

Faisant de la méchanceté un vice rédhibitoire, pourquoi n'en feriez-vous pas un également de la peur?

Nous ne voyons pas de raison pour avoir ici deux poids et deux mesures.

Si la peur constitue un vice rédhibitoire, comme il y a plusieurs variétés : la peur des voitures de baladins, des moulins à vent, des trains de chemins de fer, etc., etc., quelles sontcelles de ces variétés et de cent autres que nous pourrions citer qui donneront droit à la rédhibition?

Quelles sont celles qui n'y donneront pas droit?

N'entrons pas dans cette voie périlleuse, que la loi de 1838 a eu la sagesse d'éviter et que nous ferons bien d'éviter comme elle.

Il ne faut pas croire, d'ailleurs, que, bien que la loi du 20 mai soit complétement muette sur ce point, lorsqu'aujourd'hui un cheval réellement méchant vient à être vendu, l'acheteur soit absolument désarmé vis-à-vis de son vendeur.

Ce dernier, dans ce cas, est, il est vrai, à l'abri de l'action rédhibitoire, mais il n'est pas du tout à l'abri de l'action en dommages-intérêts, ainsi que le démontre la jurisprudence constante des tribunaux et ainsi que l'a carrément établi le remarquable rapport de M. Lherbette, à la Chambre des députés (séance du 24 mai

1838), un mois avant l'adoption définitive de la loi qui nous régit.

Voici comment s'exprimait M. Lherbette à cet égard :

« Le vendeur a deux obligations principales, celle » de livrer et celle de garantir la chose qu'il vend.

» Cette garantie doit être réelle, elle doit embrasser » non-seulement la tranquille possession d'une chose, » mais aussi l'usage pour lequel cette chose a été » achetée ; en d'autres termes, elle a deux objets, la » tranquille possession et les défauts cachés ou vices » rédhibitoires (art. 1625, Code Napoléon).

» Sous ce dernier rapport, elle peut donner, dans » notre législation comme dans la législation romaine, » lieu, selon les circonstances, à trois actions de la part » de l'acquéreur : action rédhibitoire en résolution des » marchés (art. 1644, Code Napoléon), action estima- » toire ou *quanti minoris*, en diminution de prix » (même article), et action en dommages-intérêts, » dont l'étendue varie selon que le vendeur avait ou » non connaissance des vices de la chose (art. 1149 » et suivants, 1382, 1645, 1646 et arg. de 1891, Code » Napoléon).

» C'est sur la première de ces actions seulement » que des réformes sont proposées dans le projet de loi ; » votre commission s'occupe aussi de la deuxième. La » troisième, l'action en dommages-intérêts, comme » toutes les autres questions résultant de la vente, » restent dans le droit commun.

. . . .

» On remarquera que celui qui aura vendu un animal » méchant n'en restera pas moins soumis à l'action en » dommages-intérêts tout en étant affranchi de l'action » rédhibitoire. »

A cette époque, le gouvernement n'avait pas cru devoir comprendre la méchanceté dans la catégorie des vices rédhibitoires.

La majorité de la commission à laquelle avait été renvoyée l'étude du projet partageait l'avis du ministre, et M. Lherbette, son rapporteur, abordant le fond du débat, s'exprimait ainsi :

« Une question très-grave est celle de savoir si dans » la nomenclature des cas rédhibitoires, il faut, pour » les animaux de service, se restreindre aux vices » physiques, ou en admettre aussi de moraux, comme » la méchanceté, la rétivité, la timidité ombrageuse, etc.

» Sur ce point, les lois romaines étaient contradic- » toires.

. . . .

» La minorité de votre commission se fondait sur » ces motifs, que de tels vices sont souvent plus graves » que des vices physiques ; qu'ils occasionnent, outre » des dommages pécuniaires, un danger constant, un » danger non pas seulement pour le propriétaire, mais » aussi pour le public ; que parfois ces vices sont dif- » ficiles à reconnaître sans de nombreux essais ; que le » vendeur peut aisément les dissimuler au moment du » marché, en faisant prendre à l'animal quelques spiri- » tueux ; qu'un expert pourra distinguer, après quelques » jours de fourrière, si ces vices sont antérieurs à la » vente, ou s'ils sont nés chez l'acheteur.

« La majorité de votre Commission ne nie pas la gra- » vité de ces vices et la possibilité de les déguiser pen- » dant quelques instants ; mais elle ne croit pas qu'on » puisse les définir positivement, déterminer le point où » ils commencent, les préciser, de manière à ce qu'on » ne les confonde pas avec l'ignorance et la fougue du

» jeune animal ; constater, dans une foule de cas, s'ils » ne viennent pas d'une souffrance physique, qu'on » éviterait avec moins de maladresse et de brutalité ; » discerner de quel côté est le tort entre l'homme et » l'animal, où la douceur et l'intelligence ne sont pas » toujours du côté de l'homme, affirmer en connais- » sance de cause si les vices sont antérieurs à la vente, » habituels ou accidentels. Que la loi veuille les dé- » finir, et elle se jette dans le vague, comme l'a fait » la loi romaine ; qu'elle ne les définisse pas et elle » abandonne, contrairement au but du projet, la déci- » sion au pouvoir discrétionnaire des juges et des ex- » perts, d'experts que l'on trouvera difficilement, car » ce ne sont pas des cas pathologiques du ressort des » vétérinaires ; ce sont des questions de dressage de » chevaux de manége, et il ne se rencontre d'écuyers » que dans les grandes localités. Ces vices de caractères, » portés à un haut degré, sont d'ailleurs très-rares, et » cèdent presque toujours, et en fort peu de temps, à » de la douceur. Qu'on s'y accoutume envers les ani- » maux domestiques, et fort peu se montreront mé- » chants, rétifs ou ombrageux. C'est à ce système qu'est » due en grande partie la supériorité de caractère et » d'intelligence des chevaux en Arabie et en Angleterre, » où des lois sévères, qu'il serait à désirer de voir im- » porter chez nous, punissent les mauvais traitements » envers les animaux. »

Dans cet exposé, M. Lherbette a plaidé notre cause beaucoup mieux que nous ne pourrions jamais le faire, et il ne nous reste plus qu'à ajouter quelques mots.

La méchanceté est un vice facile à reconnaître dans l'immense majorité des cas : regardez-y convenablement quand vous voulez acheter un cheval, et, à moins que le marchand n'ait eu recours à des manœuvres dolosives, — administration de narcotiques, de vin, d'alcool, — punies par la loi, nous vous affirmons que vous ne serez que très-rarement trompé. Dans l'un ou l'autre des divers temps dont se composera votre examen, si le cheval est méchant, la méchanceté apparaîtra à vos yeux.

Sans aucun doute, un cheval qui mord et qui rue, est un cheval méchant ; mais, il y a, dans l'espèce, bien des nuances.

Un cheval mordant son voisin qui cherche à lui disputer sa ration d'avoine, est-il un cheval méchant ?

Celui qui rue contre un cocher maladroit qui l'approche sans l'avoir prévenu, est-il aussi un cheval méchant ?

Celui qui serre contre les murs, les stalles ou les portes un charretier brutal qui vient de le maltraiter, est-il encore un cheval méchant ?

Un cheval qui est difficile à ferrer, un autre qui est difficile à panser, un troisième qui est difficile à harnacher, un quatrième qui est difficile à atteler, un cinquième qui est amoureux de l'homme, etc., etc., sont-ils tous des chevaux méchants ?

Si oui et si la méchanceté est un vice rédhibitoire, vous allez tailler une besogne sans fin aux huissiers, et perdre par cela seul, le principal bénéfice du projet, car vous donnerez naissance, chaque année, à des milliers de procès ruineux.

Sinon, où est la limite à laquelle commence, et celle à laquelle finit la méchanceté ?

Voilà déjà un grand embarras à côté d'un grave inconvénient ; puis, vont venir les abus de toute sorte.

Achetez, par exemple une jument, et mettez-lui un

collier trop étroit qui la blessera à l'encolure et la rendra chatouilleuse dès le début; continuez à la faire travailler avec le même collier, et si elle est d'un tempérament nerveux, irritable, au bout de 5, 6, 7 ou 8 jours, elle sera tout à fait méchante.

Si la méchanceté est un vice rédhibitoire, qui est-ce qui sera responsable? Ce ne sera pas vous, ce sera le malheureux vendeur.

Au lieu d'une jument, achetez un cheval entier; laissez-lui saillir une bête en chaleur, et, quelques jours après, votre cheval sera méchant, méchant à l'homme, et méchant aux autres chevaux.

Pour le compte de qui ce cheval sera-t-il devenu méchant, si la méchanceté est rédhibitoire? pour le compte du vendeur également.

Au lieu d'une jument et d'un cheval entier, achetez un cheval hongre, un âne ou un mulet, peu importe, et confiez-le à un charretier maladroit ou ivrogne qui l'attèle mal, le charge trop, le conduit dans de mauvais chemins, etc., etc.; et supposons, ce qui arrive souvent en pareille circonstance, que l'animal, ne pouvant mener son fardeau, soit plus ou moins maltraité; supposons aussi que, le lendemain et les jours suivants, les mauvais traitements continuent, et que, à la fin, la bête, ennuyée d'être battue, se fâche, morde ou frappe le charretier, qui ne l'aura pas volé.

Encore un cheval, un âne ou un mulet méchant, et c'est toujours le vendeur qui sera responsable si la méchanceté est un vice que l'on peut invoquer contre lui.

Dans les trois exemples que nous venons de choisir entre mille autres qui se présentent sous notre plume, la méchanceté apparaît chez l'acheteur, sans qu'on la désire, sans qu'on la cherche, sans qu'on la veuille : elle est accidentelle, si je peux m'exprimer ainsi, et, malgré cela, elle est assez fréquente.

Quand l'intérêt de l'acheteur va s'en mêler, comme dans l'exemple ci-dessous, ce sera bien une autre affaire.

Un marchand de chevaux achète un cheval, et, pour une raison, pour un motif quelconque, il ne trouve pas à le céder autrement qu'à perte.

Il a, dès lors, tout le monde le comprend, intérêt à le rendre à son vendeur.

Mais la bête est exempte de vices rédhitoires, et le vendeur ne la reprendra bien certainement pas sans y être forcé.

Que va faire le marchand?

Le cheval en question n'a pas de vice rédhibitoire, eh bien ! on lui en fabriquera un.

Pour détruire un marché onéreux, on fabriquait, autrefois, la pousse ; aujourd'hui que la pousse n'existe plus, on fabriquera la méchanceté, et pour réussir, la fin justifiant les moyens, on maltraitera et on brutalisera le cheval, le matin, à midi, le soir, et même la nuit, s'il en est besoin.

Au lieu de foin et d'avoine, on lui donnera à profusion du fouet et du bâton.

Tant pis pour la pauvre bête !

Tant pis aussi pour le vendeur !

Voilà ce qui arrive quand on a le tort grave d'accepter comme rédhibitoire un vice dont le développement dépend le plus souvent de la volonté de l'acheteur.

Voilà où nous conduirait la thèse que nous combattons.

MM. les sénateurs, nous aimons à le croire, ne prêteront pas la main à un pareil abus, à une manœuvre si blâmable ; ils repousseront la méchanceté, et ils la repousseront avec d'autant moins d'hésitation, que les acheteurs de chevaux réellement méchants qu'il s'agit de protéger ne sont pas du tout désarmés, puisque, nous l'avons dit, ils peuvent, dès à présent, avoir recours, contre leurs vendeurs, au moyen d'une action en dommages-intérêts.

La rétivité. — Encore un vice grave, mais encore également un vice dont les limites, comme celles de la méchanceté, sont extrêmement difficiles, pour ne pas dire impossibles à indiquer d'une manière précise.

Encore un vice qui, lorsqu'il existe réellement au moment de la vente, peut être reconnu par l'acheteur qui se donne la peine d'y regarder comme il convient.

Encore un vice sur le développement duquel l'acheteur a plein pouvoir, un vice dont le vendeur, par conséquent, ne doit pas être responsable, et que MM. les sénateurs feront bien de rayer de la nomenclature nouvelle.

La rédaction adoptée par le projet cherche, il est vrai, à restreindre le nombre des cas dans lesquels l'application de la loi pourrait être faite, et, dans ce but, elle ajoute que la rétivité sera « caractérisée par le refus » de l'animal de se laisser utiliser au service auquel il » est destiné. »

Sachons gré aux auteurs du projet de leur bonne intention.

Mais, ici, la meilleure intention ne suffit pas.

Qu'est ce que c'est que la rétivité, et qu'est-ce que la rétivité caractérisée par le refus pour un cheval de se laisser utiliser à un service quelconque ?

Le jeune poulain, qui n'a jamais ou presque jamais été attelé, et le cheval de calèche, qui n'a jamais ou presque jamais été employé qu'aux travaux de la ferme, pourront très-bien, quoique d'un bon, d'un excellent caractère, quand ils passeront entre les mains des acheteurs, ne pas être momentanément dociles, ni aptes au nouveau service auquel ils seront soumis.

Seront-ils, pour cela, des chevaux rétifs ?

Sera-t-il rétif le cheval qui, très-sage, très-doux entre les mains de Pierre, son vendeur, ne le sera plus, comme cela se voit souvent, entre celles de Paul, son acheteur ?

Puis, le cheval qui se cabre ou qui rue quand il est attelé ou monté, refuse-t-il dans tous les cas son service, qu'il se cabre plus ou moins souvent et quel que soit le nombre et la force des ruades?

Celui qui, incomplétement ou mal dressé, veut bien tourner à droite et ne veut pas tourner à gauche, ou bien qui va parfaitement en avant et ne consent pas ou ne consent que difficilement à aller en arrière, refuse-t-il son service ?

Enfin, supposons que la rétivité n'apparaisse que dans un service spécial, l'acheteur ne pourra-t-il pas toujours prétendre, encore même que cela ne serait pas exact, qu'il destinait le cheval qu'il vient d'acheter au service dans lequel la rétivité se manifeste.

Et qui est ce qui pourra prouver le contraire?

On le voit donc, si la rétivité était jamais admise au nombre des vices rédhibitoires, elle serait, malgré la restriction dont il s'agit, comme la méchanceté, la source de procès aussi nombreux qu'interminables, et, dès lors, il convient de la repousser.

En somme, et en résumé :

Comparé à la loi du 20 mai, le projet de Code rural

est une amélioration ; amélioration, surtout, en ce qu'il diminue le nombre des vices rédhibitoires ; en ce que, quel que soit le vice, il n'accorde qu'un seul délai uniforme de neuf jours pour intenter l'action en garantie ; en ce qu'il rend obligatoire l'appel du vendeur à l'expertise et, enfin, en ce qu'il abroge tous les règlements imposant une garantie exceptionnelle aux vendeurs d'animaux destinés à la boucherie.

Les auteurs du projet nous paraissent devoir être approuvés lorsqu'ils suppriment de la nomenclature actuelle les six vices ci-après : la fluxion périodique des yeux, l'épilepsie ou mal caduc, les maladies anciennes de poitrine ou vieilles courbatures, les hernies inguinales intermittentes, la phthisie pulmonaire ou pommelière et le renversement du vagin ou de l'utérus.

Ils doivent l'être, également, lorsqu'ils substituent aux dénominations de « la pousse » et de « la boiterie intermittente pour cause de vieux mal » dont se sert la loi de 1838, celles de « l'emphysème pulmonaire et de « les boiteries anciennes intermittentes. »

Ils doivent l'être encore, quand ils proposent le maintien des anciens vices : la morve, le farcin, l'immobilité, le cornage chronique et la clavelée.

Ils doivent l'être, enfin, quand ils proposent l'admission du vice nouveau, la ladrerie.

La dénomination nouvelle de « le tic avec ou sans usure des dents » serait, croyons-nous, très-avantageusement remplacée par celle-ci : « le tic proprement dit, caractérisé par une contraction spasmodique des muscles de l'encolure, ainsi que par un espèce de rot spécial, particulier. »

Les auteurs du projet ont, selon nous, eu tort de comprendre dans leur nomenclature les quatre vices qui suivent : la non-délivrance et le sang-de-rate, deux vices anciens ; la méchanceté et la rétivité, deux vices nouveaux ; et le Sénat fera bien de les supprimer tous les quatre.

On éviterait une foule de procès, qui n'ont pas la moindre raison d'être, si on introduisait, à l'article 83 du projet, un paragraphe additionnel indiquant que « à l'exception des cas de morve ou de farcin, il n'y aura pas de garantie pour le cheval, l'âne ou le mulet, dont le prix sera inférieur à cent francs. »

Chartres — Imprimerie Durand frères

www.ingramcontent.com/pod-product-compliance
Ingram Content Group UK Ltd.
Pitfield, Milton Keynes, MK11 3LW, UK
UKHW021817190726
13853UKWH00003B/1031

9 782329 601830